上海市工程建设规范

人工湿地水质净化技术标准

Technical standard for water and wastewater purification with constructed wetland

DG/TJ 08—2100—2024
J 12086—2024

主编单位：上海市政工程设计研究总院(集团)有限公司
批准部门：上海市住房和城乡建设管理委员会
施行日期：2024 年 5 月 1 日

同济大学出版社

2024　上海

图书在版编目(CIP)数据

人工湿地水质净化技术标准 / 上海市政工程设计研究总院(集团)有限公司主编. —上海：同济大学出版社，2024.7
 ISBN 978-7-5765-1167-3

Ⅰ. ①人… Ⅱ. ①上… Ⅲ. ①人工湿地系统-水质处理-技术标准-上海 Ⅳ. ①X703-65

中国国家版本馆 CIP 数据核字(2024)第 105365 号

人工湿地水质净化技术标准

上海市政工程设计研究总院(集团)有限公司　主编

责任编辑　朱　勇
责任校对　徐春莲
封面设计　陈益平

出版发行　同济大学出版社　www.tongjipress.com.cn
　　　　　(地址：上海市四平路 1239 号　邮编：200092　电话：021-65985622)

经　销　全国各地新华书店
印　刷　浦江求真印务有限公司
开　本　889mm×1194mm　1/32
印　张　2
字　数　50 000
版　次　2024 年 7 月第 1 版
印　次　2024 年 7 月第 1 次印刷
书　号　ISBN 978-7-5765-1167-3
定　价　25.00 元

本书若有印装质量问题，请向本社发行部调换　　版权所有　侵权必究

上海市住房和城乡建设管理委员会文件

沪建标定〔2023〕576号

上海市住房和城乡建设管理委员会关于批准《人工湿地水质净化技术标准》为上海市工程建设规范的通知

各有关单位：

由上海市政工程设计研究总院（集团）有限公司主编的《人工湿地水质净化技术标准》，经我委审核，现批准为上海市工程建设规范，统一编号为DG/TJ 08—2100—2024，自2024年5月1日起实施，原《人工湿地污水处理技术规程》（DG/TJ 08—2100—2012）同时废止。

本标准由上海市住房和城乡建设管理委员会负责管理，上海市政工程设计研究总院（集团）有限公司负责解释。

上海市住房和城乡建设管理委员会

2023年11月3日

前言

为推进上海市海绵城市建设、提升水环境质量、促进水资源利用,根据上海市住房和城乡建设管理委员会《关于印发〈2021年上海市工程建设规范、建筑标准设计编制计划〉的通知》(沪建标定〔2020〕771号)的要求,标准编制组对人工湿地的应用范围和运行效果进行广泛调查研究,认真总结技术发展和实践经验,对《人工湿地污水处理技术规程》DG/TJ 08—2100—2012进行全面修订。

本标准主要内容有:总则;术语和符号;工艺流程选择;设计;施工和验收;运行和管理。

本标准修订的主要技术内容有:根据人工湿地目前应用情况修改了适用范围,从处理原污水改为处理城镇污水处理厂(站)尾水、农田退水、受污染的雨水和微污染河湖水;在术语中补充了渗透系数,修改了表面COD_{Cr}负荷等术语的定义;在工艺流程选择中,按照适用范围推荐工艺流程选择原则和不同预处理要求;在设计中,按适用范围补充了人工湿地设计水量要求,并相应修改了不同类型湿地的主要设计参数,补充了水平潜流和表面流人工湿地辅助充氧设计要求,补充了垂直潜流人工湿地的几何尺寸要求,更新了人工湿地植物种类和种植要求以及水生动物的种类和投放要求,更新了人工湿地填料种类,并补充了人工湿地填料的初始空隙率和防止填料堵塞的进出水设计要求,还新增了人工湿地景观设计要求;在施工和验收中补充了填料铺设的施工要求,细化了验收的内容;在运行和管理中,补充了水量水质检测、自动控制与信息化管理、应急和安全管理要求。

各单位及相关人员在执行本标准过程中,如有意见和建议,请反馈至上海市绿化和市容管理局(地址:上海市胶州路768号;邮编:200040;E-mail:kjxxc@lhsr.sh.gov.cn),上海市政工程设计研究总院(集团)有限公司(地址:上海市中山北二路901号;邮编:200092;E-mail:lichunju@smedi.com),上海市建筑建材业市场管理总站(地址:上海市小木桥路683号;邮编:200032;E-mail:shgcbz@163.com),以供修订时参考。

主 编 单 位: 上海市政工程设计研究总院(集团)有限公司
参 编 单 位: 上海市政工程设计科学研究所有限公司
上海市园林科学规划研究院
上海水生科技股份有限公司
上海同瑞环保工程有限公司
上海市园林设计研究总院有限公司
上海同济环境工程科技有限公司
上海城市水资源开发利用国家工程中心有限公司
同济大学
主要起草人: 张　辰　聂俊英　李春鞠　谭学军　崔心红
王丽卿　徐后涛　朱　义　唐　利　宗兵年
李新建　吉　驰　袁　悦　施震东　丁方达
张静晨　顾敏燕　柯　杭　陈　华　刘　涛
主要审查人: 何池全　崔长征　李旭东　杨　凯　商侃侃
陆松柳　卢　峰

上海市建筑建材业市场管理总站

目 次

1 总 则 ·· 1
2 术语和符号 ··· 2
　2.1 术 语 ·· 2
　2.2 符 号 ·· 3
3 工艺流程选择 ·· 4
4 设 计 ·· 5
　4.1 一般规定 ··· 5
　4.2 水平潜流人工湿地 ·· 6
　4.3 垂直潜流人工湿地 ······································· 11
　4.4 表面流人工湿地 ·· 13
　4.5 防 渗 ··· 16
　4.6 填 料 ··· 16
　4.7 生 物 ··· 17
　4.8 景观美化 ·· 18
5 施工和验收 ·· 19
　5.1 施 工 ··· 19
　5.2 启动和调试 ··· 20
　5.3 工程验收 ·· 20
6 运行和管理 ·· 22
　6.1 日常运行 ·· 22
　6.2 安全和应急管理 ·· 23

本标准用词说明 …………………………………………… 25
引用标准名录 ……………………………………………… 26
标准上一版编制单位及人员信息 ………………………… 27
条文说明 …………………………………………………… 29

Contents

1 General provisions ··· 1
2 Terms and symbols ·· 2
   2.1 Terms ··· 2
   2.2 Symbols ·· 3
3 Selection of flow chart ·· 4
4 Design ·· 5
   4.1 General requirements ··· 5
   4.2 Horizontal subsurface flow constructed wetland
        ··· 6
   4.3 Vertical subsurface flow constructed wetland ······ 11
   4.4 Free water surface constructed wetland ·············· 13
   4.5 Seepage prevention ·· 16
   4.6 Media ··· 16
   4.7 Organism ··· 17
   4.8 Landscaping ·· 18
5 Construction and acceptance ······································· 19
   5.1 Construction ·· 19
   5.2 Commissioning ·· 20
   5.3 Acceptance ·· 20
6 Operation and management ·· 22
   6.1 Routine management ··· 22
   6.2 Safty and emergency management ···················· 23

Explanation of wording in this standard ·················· 25
List of quoted standards ································ 26
Standard-setting units and personnel of the previous version
·· 27
Explanation of provisions ································ 29

1 总 则

1.0.1 为推进上海市生态文明建设、提升水环境质量、促进水资源的可持续利用,规范人工湿地水质净化工程的建设和管理,提高工程质量,修订本标准。

1.0.2 本标准适用于处理城镇污水处理厂(站)尾水、农田退水、受污染雨水、微污染河湖水的人工湿地的设计、施工验收、运行和管理。

1.0.3 人工湿地的设计、施工验收、运行和管理,除应符合本标准的规定外,尚应符合国家、行业和本市现行有关标准的规定。

2 术语和符号

2.1 术 语

2.1.1 表面流人工湿地 free water surface constructed wetland

存在自由水面,进水以水平流方式从湿地的首端流至末端的人工湿地。

2.1.2 水平潜流人工湿地 horizontal subsurface flow constructed wetland

无自由水面,进水以水平流方式从首端流至末端,且内部设置填料的人工湿地。

2.1.3 垂直潜流人工湿地 vertical subsurface flow constructed wetland

进水以垂直流方式从湿地的顶部流至底部或者从底部流至顶部,且内部设置填料的人工湿地。

2.1.4 人工湿地生物 constructed wetland organism

人工湿地中具有污染物去除功能的微生物、植物和动物的总称。

2.1.5 人工湿地填料 substrates of constructed wetland

放置于人工湿地中,为水质净化提供过滤、拦截、吸附功能或为微生物提供附着生长表面的功能性介质材料。

2.1.6 配水系统 distributing system

用于人工湿地均匀进水的设施,主要包括穿孔管、穿孔渠、穿孔墙和矩形堰等。

2.1.7 集水系统 collecting system

用于人工湿地均匀出水的设施,包括穿孔管、穿孔渠、穿孔墙和矩形堰等。

2.1.8 表面水力负荷　hydraulic surface loading rate
单位面积人工湿地在单位时间所处理的水量。

2.1.9 表面 COD_{Cr} 负荷　COD_{Cr} surface loading rate
单位面积人工湿地在单位时间所接受的 COD_{Cr} 量。

2.1.10 水力停留时间　hydraulic retention time
所处理的水从进入人工湿地到流出人工湿地的平均时间。

2.1.11 空隙率　porosity
充填填料堆积体积中,填料间空隙体积所占的百分比。

2.1.12 渗透系数　permeability coefficient
人工湿地填料单位水力梯度下的渗流流速。

2.2 符　号

A——人工湿地面积;
H_s——处理区的填料厚度;
K_y——填料渗透系数;
L——人工湿地长度;
n——水力坡度;
Q——进水流量;
W——人工湿地宽度。

3 工艺流程选择

3.0.1 人工湿地处理工艺流程应根据进水水质条件和出水水质要求，综合考虑各类型人工湿地的特点和工程用地等环境条件，通过技术经济比较后确定。

3.0.2 人工湿地处理系统可由单一或多个类型组合而成，根据实际情况，可采用并联式、串联式或组合式。

3.0.3 人工湿地应根据湿地类型和进水水质情况选择不同程度的预处理设施。当进水存在漂浮物时，宜设置格栅。预处理工艺设计应符合现行国家标准《室外排水设计标准》GB 50014 和《城镇污水再生利用工程设计规范》GB 50335 的有关规定。

3.0.4 处理城镇污水处理厂（站）尾水时，在人工湿地前可不设置预处理设施。

3.0.5 处理微污染河湖水时，可根据需要在人工湿地前设置格栅、沉淀、沉砂和过滤等预处理设施。

3.0.6 处理受污染雨水时，在人工湿地前宜设置调蓄和沉淀等预处理设施，并应设置雨季超标雨水的超越和旱季补水措施。

3.0.7 处理农田退水时，在人工湿地前宜设置调蓄和沉淀等预处理设施，宜设置旱季补水措施。

3.0.8 人工湿地出水排入水体或再生利用前，宜根据实际需求设置充氧或消毒工艺，其设计应符合现行国家标准《室外排水设计标准》GB 50014 和《城镇污水再生利用工程设计规范》GB 50335 的有关规定。

4 设 计

4.1 一般规定

4.1.1 人工湿地设计时应充分利用进水水压与原有地形,用地布局和高程设计宜与建造地点的地势相适应。当高程上不能避免超标降雨径流进入时,应设置超越通道和人工湿地防冲刷设施。

4.1.2 人工湿地设计应包括池体设计、配水/集水系统设计、防渗设计、填料配置、生物配置和景观美化。

4.1.3 人工湿地的设计水量应符合下列要求:

   1 处理城镇污水处理厂(站)尾水时,设计水量应与需要处理的污水处理厂(站)出水量相适应。

   2 处理微污染河湖水和农田退水时,设计水量应根据受纳水体的水质需求、可利用面积等因素确定。

   3 处理受污染雨水时,设计水量应根据控制径流污染的水量、调蓄水量和水质提升目标确定。受污染雨水宜调蓄后处理,人工湿地宜与雨水调蓄设施共建,也可根据实际用地条件分建。

4.1.4 人工湿地的设计进水水质宜以实测值为基础确定,在无实测资料时,可按相似工程确定。

4.1.5 人工湿地的出水水质应根据受纳水体环境容量或用户需求合理确定,并应符合国家和本市现行有关标准的规定。

4.1.6 人工湿地应根据处理水量合理确定组数,保证在检修时的处理能力。

4.1.7 人工湿地设计总面积宜分别按表面水力负荷和表面COD_{Cr}负荷计算,并应取二者中的大值,人工湿地的单体面积应结合配水和集水的均匀性计算确定。

4.1.8 人工湿地的设计水位宜根据地块特征、排放方式、植物配置等因素综合确定。

4.1.9 人工湿地工程的建设应合理配置植物、动物与微生物。

4.1.10 人工湿地工程宜建设信息化管理系统。

4.1.11 人工湿地宜根据场地特征设置植物收割临时堆放或填料换填的场地和运维道路。面积超过 1 ha 的潜流人工湿地,宜设置清淤设施。

4.2 水平潜流人工湿地

4.2.1 水平潜流人工湿地结构应符合下列要求:

    1 应设置进水区、处理区和出水区,处理区自上而下宜为植物与覆盖层、填料层、防渗层(图 4.2.1)。

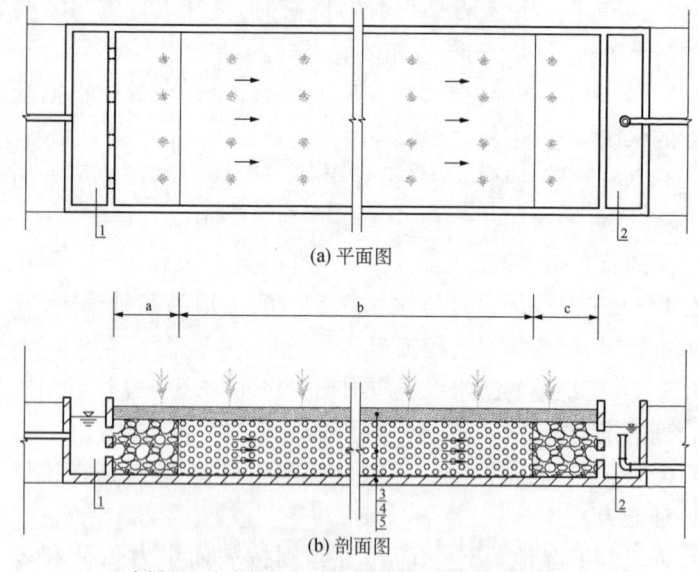

(a) 平面图

(b) 剖面图

1—配水渠;2—出水渠;3—植物与覆盖层;4—填料层;5—防渗层
a—进水区;b—处理区;c—出水区

图 4.2.1 水平潜流人工湿地示意图

2 进水区和出水区宜放置粒径为 40 mm～80 mm 的卵石和砾石,长度宜为 0.5 m～1.0 m,宜分布于整个湿地床宽。

3 处理区填料粒径宜为 4 mm～30 mm。

4 填料层厚度宜为 0.6 m～1.0 m。

5 植物与覆盖层的覆盖物厚度应大于 200 mm,材料宜选用透气透水性能好的覆盖物。

4.2.2 水平潜流人工湿地的主要设计参数宜根据试验资料确定,无试验资料时,可采用经验数据或按表 4.2.2 的规定取值。

表 4.2.2 水平潜流人工湿地的设计参数

参数	取值
表面 COD_{Cr} 负荷 [g/(m²·d)]	3～12
表面水力负荷 [m³/(m²·d)]	0.3～1.5
水力停留时间 (d)	0.7～3

4.2.3 水平潜流人工湿地的几何尺寸设计应符合下列要求:

1 单池长度宜为 20 m～50 m,长宽比宜为 3∶1～4∶1。

2 水力坡度宜为 0.5%～1.0%。

4.2.4 水平潜流人工湿地宽度和长度,可按下列公式计算:

1 人工湿地宽度

$$W = \frac{Q}{86400 \times K_y \times n \times H_s} \quad (4.2.4\text{-}1)$$

式中: W——人工湿地宽度(m);

Q——进水流量(m³/d);

n——水力坡度;

K_y——填料渗透系数(m/s);

H_s——处理区填料厚度(m)。

2 人工湿地长度

$$L = \frac{A}{W} \quad (4.2.4\text{-}2)$$

式中：L——人工湿地长度(m)；

A——人工湿地面积(m^2)。

4.2.5 水平潜流人工湿地宜采用多点配水方式，可采用穿孔管或穿孔墙，并应符合下列要求：

1 穿孔管可设置于床面以下，长度宜略小于人工湿地宽度(图4.2.5-1)，穿孔管相邻孔距宜按人工湿地宽度的10%计，且不宜大于1 m，孔径宜为20 mm～30 mm。

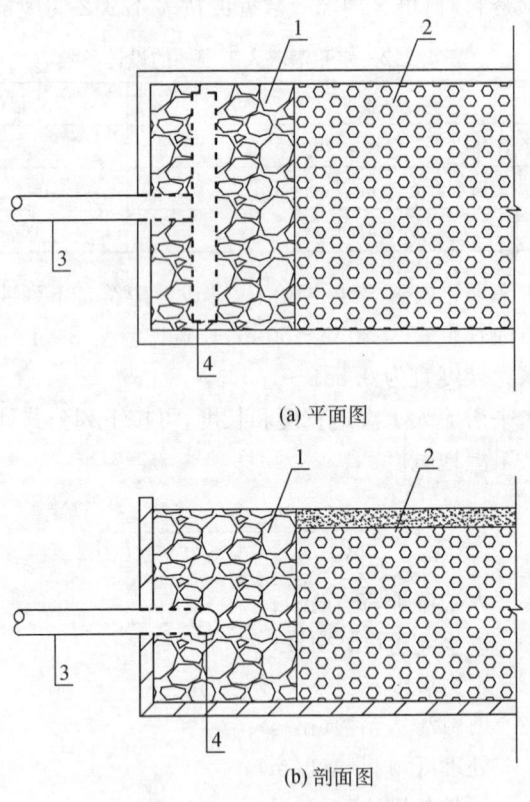

(a) 平面图

(b) 剖面图

1—进水区；2—处理区；3—进水管；4—穿孔管

图 4.2.5-1 水平潜流人工湿地穿孔管配水方式

2 穿孔墙长度宜与人工湿地宽度相同(图4.2.5-2),穿孔墙的开孔率宜为30%,孔径宜为55 mm~115 mm。

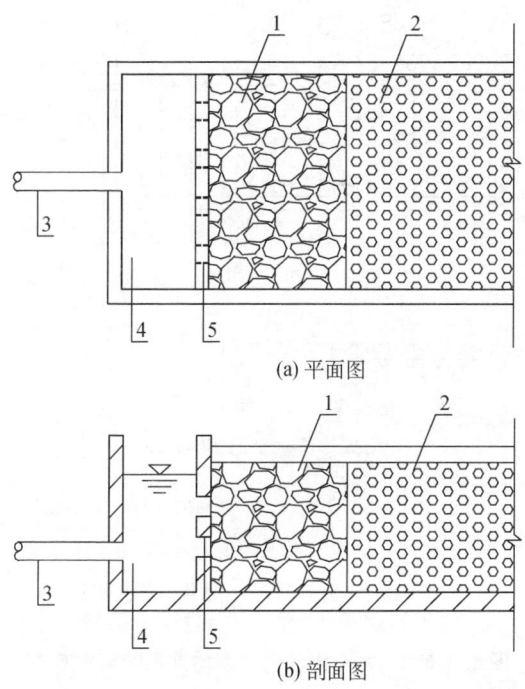

1—进水区;2—处理区;3—进水管;4—配水渠;5—穿孔墙

图 4.2.5-2　水平潜流人工湿地穿孔墙配水方式

4.2.6 水平潜流人工湿地应集水均匀,集水方式宜采用穿孔管或穿孔墙,出水口宜设置可调节水位的溢水管或堰等(图4.2.6-1和图4.2.6-2)。

4.2.7 水平潜流人工湿地宜采用跌水充氧、机械曝气等方式进行辅助充氧。采用跌水充氧时,应防止水流对构筑物的冲刷;采用机械曝气时,曝气管应设置在进水区或出水区。

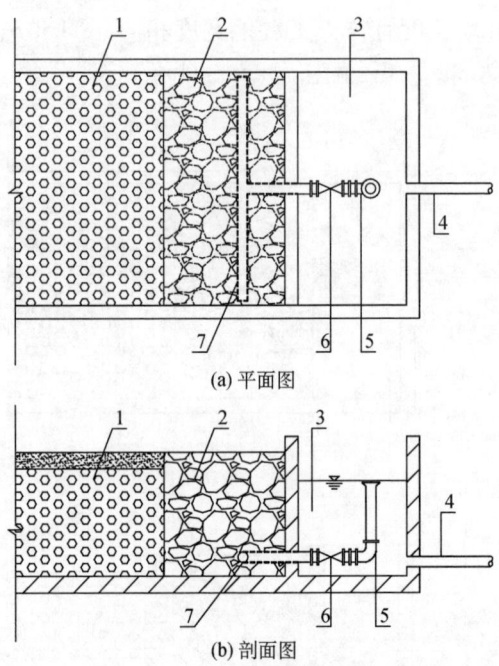

1—处理区；2—出水区；3—出水渠；4—出水管；
5—可旋转弯头；6—阀门(可不设)；7—穿孔管

图 4.2.6-1　水平潜流人工湿地穿孔管集水方式

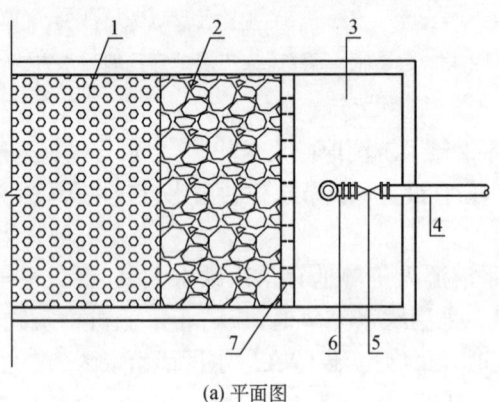

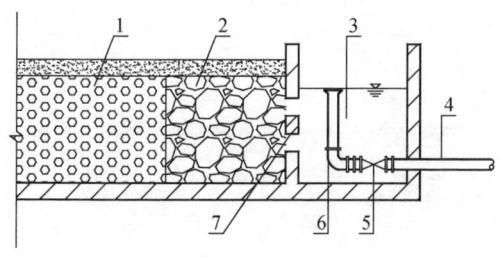

(b)剖面图

1—处理区；2—出水区；3—出水渠；4—出水管；
5—阀门(可不设)；6—可旋转弯头；7—穿孔墙

图 4.2.6-2　水平潜流人工湿地穿孔墙集水方式

4.3　垂直潜流人工湿地

4.3.1　垂直潜流人工湿地结构应符合下列要求：

1　自上而下宜为覆盖层、填料层、过渡层、排水层和防渗层（图 4.3.1）。

2　可设置穿透功能层的通气管，通气管应与集水管相连，其管口应至少高出覆盖层顶面 300 mm，且应与集水管管径相同（图 4.3.1）。

3　各层厚度和材料粒径可按表 4.3.1 的规定取值。

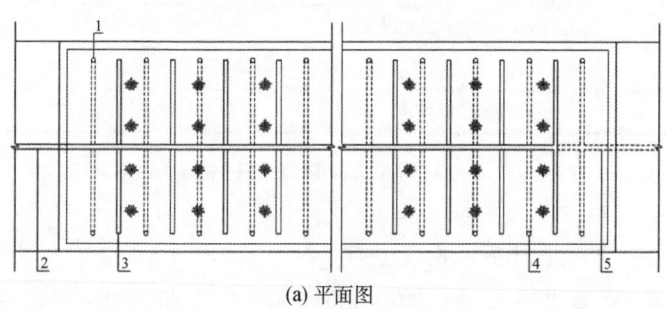

(a)平面图

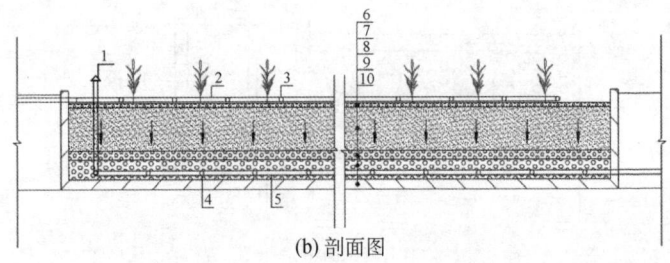

(b) 剖面图

1—通气管(可选);2—配水干管;3—配水支管;4—集水支管;5—集水干管;
6—覆盖层(可选);7—填料层;8—过渡层(可选);9—排水层;10—防渗层

图 4.3.1　垂直潜流人工湿地示意图

表 4.3.1　垂直潜流人工湿地各层厚度和材料粒径

分区/层	厚度(mm)	粒径(mm)
覆盖层	200 以上	8～16
填料层	600～1 000	2～6
过渡层	100～200	5～10
排水层	200～300	16～32

4.3.2 垂直潜流人工湿地的主要设计参数宜根据试验资料确定,无试验资料时,可采用经验数据或按表 4.3.2 的规定取值。

表 4.3.2　垂直潜流人工湿地的设计参数

参数	取值
表面 COD_{Cr} 负荷[$g/(m^2 \cdot d)$]	5～15
表面水力负荷[$m^3/(m^2 \cdot d)$]	0.4～1.2
水力停留时间(d)	0.8～2.5

4.3.3 垂直潜流人工湿地的几何尺寸设计应符合下列要求:
  1 长宽比宜为 1:1～3:1。
  2 水深宜为 0.9 m～1.5 m。

4.3.4 垂直潜流人工湿地配水和集水系统均宜采用穿孔管或穿

孔渠,并应符合下列要求：

1 配水支管或支渠长不宜大于 6 m,间距不宜大于 2 m;孔口间距宜按人工湿地宽度的 10% 计,且不宜大于 1 m。

2 配水支管或支渠宜间隔、交错布置,集水支管或支渠进水孔径宜为 20 mm～30 mm,且不应大于排水层材料的最大粒径。

4.4 表面流人工湿地

4.4.1 表面流人工湿地宜设置进水区、处理区和出水区(图 4.4.1)。表面流人工湿地建设应尽量利用地形特征,因地制宜设置,减少土方开挖或回填。

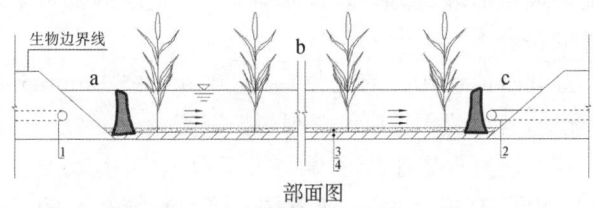

1—配水管/渠;2—出水管/渠;3—覆盖层;4—防渗层(根据实际情况确定是否采用)
a—进水区;b—处理区;c—出水区

图 4.4.1 表面流人工湿地示意图

4.4.2 表面流人工湿地的主要设计参数宜根据试验资料确定,无试验资料时,可采用经验数据或按表 4.4.2 的规定取值。

表 4.4.2 表面流人工湿地的设计参数

参数	取值
表面 COD_{Cr} 负荷 [g/(m²·d)]	5～15
表面水力负荷 [m³/(m²·d)]	0.5～3
水力停留时间 (d)	0.5～2

4.4.3 表面流人工湿地的设计应符合下列要求：

1 单级表面流人工湿地单元长宽比宜大于 3:1,但不宜大于 10:1。
2 平均底坡宜为 0.1%～0.5%。
3 表面流人工湿地进水区宜设置沉淀预处理,深度宜为 1.0 m。
4 处理区平均深度不宜超过 0.6 m,局部可结合天然坑塘的特征设置深水区。
5 生态边界线应结合项目区域地形地貌条件,根据水陆过渡带的连通性、动植物的生境需求设计,边界线应采用多样化的结构,坡脚应采用抗冲刷能力强、适宜生物生长的多孔隙材料,护岸植物宜选取根系发达、固着能力强的种类。

4.4.4 表面流人工湿地应确保配水均匀,配水方式可采用穿孔管、穿孔墙或矩形堰、梯形堰、齿形堰,人工湿地内部可采用导流措施,并应符合下列要求:

1 穿孔管或穿孔渠的孔径宜为 20 mm～30 mm;分组设置的人工湿地,各组配水管应设置阀门控制流量。

2 穿孔墙宜设置于配水渠与人工湿地之间,长度应与人工湿地宽度相同,高度宜为 0.5 m(图 4.4.4),穿孔墙的开孔比宜为 30%。

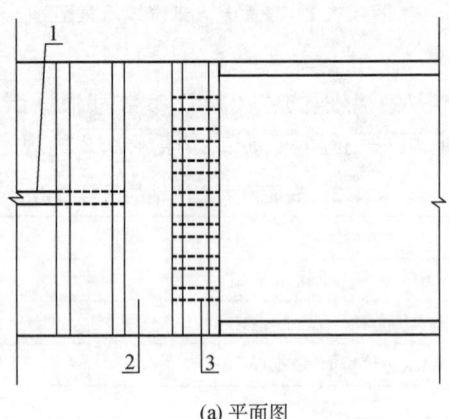

(a) 平面图

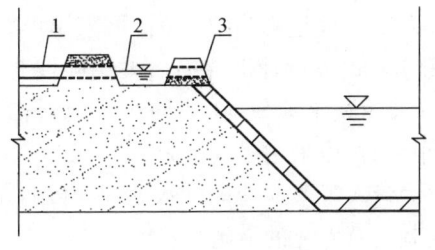

(b) 剖面图

1—进水管；2—配水渠；3—穿孔墙

图 4.4.4　表面流人工湿地穿孔墙配水方式

4.4.5 表面流人工湿地应集水均匀，集水方式宜采用穿孔管、穿孔墙，出水管渠宜设置可调节水位的弯管、阀门等(图 4.4.5)。

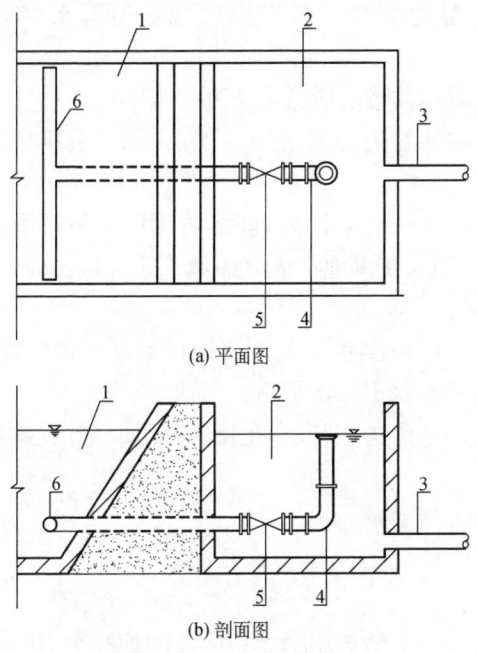

(a) 平面图

(b) 剖面图

1—出水区；2—出水渠；3—出水管；
4—可旋转弯头；5—阀门(可不设)；6—穿孔管

图 4.4.5　表面流人工湿地穿孔管集水方式

4.4.6 表面流人工湿地地形有高差时,可采用单级或多级陡坡充氧、跌水充氧等方式进行辅助充氧。采用陡坡充氧时,坡度宜为1∶4～1∶2;采用跌水充氧时,应防止水流对构筑物的冲刷。在无水头可以利用时,可采用曝气设施。

4.4.7 采用表面流人工湿地处理污水处理厂(站)尾水和农田退水时,应采取控制富营养化的措施。

4.5 防 渗

4.5.1 人工湿地的防渗设计应考虑当地水文地质条件对防渗系统的长期影响。

4.5.2 人工湿地防渗材料应根据现场地下水位等实际情况选择。

4.5.3 人工湿地防渗层应符合下列要求:

1 人工湿地在进行防渗层施工前,基础层压实系数应不小于85%。

2 湿地床体进行防渗处理时,防渗层的渗透系数不应大于$1×10^{-8}$ m/s;当人工湿地作为海绵城市源头减排设施时,渗透系数可适当放宽。

4.5.4 处理微污染河水且人工湿地设置在河湖河漫滩时,可不设防渗,但应采取水土保持措施。

4.5.5 人工湿地内穿墙管、穿孔管、穿孔墙和穿孔渠等处应作局部防渗处理。

4.6 填 料

4.6.1 潜流人工湿地选用的填料应比表面积大、机械强度高、稳定性好、取材方便。

4.6.2 人工湿地的填料选配应考虑污染物去除需要和当地填料

的供应情况,可选用砾石、沸石、矿渣等多种填料的组合,含铁量高的填料不宜单独使用。

4.6.3 人工湿地填料的清水渗透系数(K_y)宜大于1×10^{-2} m/s,渗透系数设计值宜为清水试验测定值的10%。

4.6.4 人工湿地填料的初始空隙率宜为35%～50%。

4.6.5 潜流人工湿地覆盖层或填料的厚度应高于设计水面标高。

4.7 生 物

4.7.1 人工湿地的生物可包括人工湿地植物和水生动物。

4.7.2 人工湿地植物宜选用抗逆能力强、净化能力强、具有观赏价值的适生植物,不得选用外来入侵物种。

4.7.3 挺水植物的种植宜符合下列要求:

1 种植水深不宜超过0.6 m。

2 种植密度宜为9丛/m^2～36丛/m^2,不宜单株栽植。

3 宜在相同生态位以单层片种群栽植,2种或2种以上挺水植物栽植布置区域应设置根部阻隔措施。

4 宜在3月—5月进行种苗移植,也可在6月—9月进行营养植株移植,或在12月—翌年2月进行根茎等营养繁殖体移植。

4.7.4 挺水植物栽培宜采用容器苗移栽方式,并根据植物生物学和生态学特性进行种苗规格和种植密度设计。

4.7.5 浮叶植物的种植应符合下列要求:

1 根生浮叶植物宜栽植在缓流、静止区域,水深宜为0.3 m～1.2 m。

2 根生浮叶植物的栽植时间宜选择在秋冬或早春季节。

3 根生浮叶植物宜选择合适的冬季品种。

4 自由漂浮植物应栽植布置在可控制区域。

4.7.6 沉水植物的种植应符合下列要求:

  1 种植水深宜为 0.5 m～1.5 m。

  2 种植密度宜为 10 丛/m²～25 丛/m²，水质净化要求高的水体可加密种植。

  3 宜以群落方式栽植布置，并宜兼顾各个季节都有优势品种，种植应充分考虑种间关系，不应选择种间竞争显著的品种；夏季品种宜在 5 月—9 月进行植株移栽，冬季品种宜在 3 月—4 月进行植株移栽；芽孢、根茎、石芽等宜在 11 月—翌年 2 月进行移植。

4.7.7 表面流人工湿地的水生动物应选用滤食性和碎屑食性为主的鱼类和底栖动物，并适当配置肉食性鱼类。鱼类投放宜放养大规格苗种，鱼种规格宜为 100 g/尾～150 g/尾。滤食性鱼类投放密度宜为 110 尾/亩～160 尾/亩，碎屑性鱼类投放密度宜为 5 尾/亩～10 尾/亩，肉食性鱼类投放密度宜为 0.5 尾/亩～1 尾/亩。底栖贝类为环棱螺、蚌等大型底栖动物，投放密度宜为 15 kg/亩～30 kg/亩。在水体溶解氧低于 3 mg/L 时，不宜投放鱼种或成鱼。

4.8 景观美化

4.8.1 海绵城市建设、新农村建设、河湖景观水体等人居环境要求较高区域，人工湿地的设计、植物呈现效果应结合景观建设，宜与周边区域的景观功能定位和风貌相协调。

4.8.2 人工湿地的硬质化部分应进行柔性点缀与提升，整体景观应保持近自然化和生态化。

4.8.3 人工湿地的植物种类选择应兼顾水质净化、景观和生态功能等需求，可根据植物的花期、色彩、形态、物候期和生长习性等，采用片植、群植、点缀等方法营造湿地植物景观。

4.8.4 在保障游客安全和人工湿地处理效果的基础上，宜设置游步路、水上栈道、科普展示牌等设施，并与周围景观和环境相协调。

5 施工和验收

5.1 施 工

5.1.1 施工单位应严格按设计文件和施工组织设计施工。对工程的变更,应在取得设计单位的设计变更文件、工程联系单等文件后进行。施工应符合国家相关的标准和规范要求。

5.1.2 施工单位应按照现行上海市工程建设规范《文明施工标准》DG/TJ 08—2102 的要求进行施工,遵守有关环境保护的法律、法规,采取有效措施控制施工现场的各种粉尘、废气、废弃物以及噪声、振动等对环境造成的污染和危害。

5.1.3 床体高程和底坡应满足设计要求,进行高程校核后方可进行下一步施工。

5.1.4 防渗层下方的基础层应平整、压实、无裂缝、无松土,表面应无积水、石块、树根和尖锐杂物。人工湿地开挖时应保持原土层,于原土层上采取防渗措施。防渗施工结束后,应按照现行国家标准《渠道防渗衬砌工程技术标准》GB/T 50600 进行防渗验收,合格后方可进行下一工序。

5.1.5 人工湿地不同区域应按设计级配要求铺设填料。铺设前,应对填料进行清洗。铺设中应避免直接在填料表面行走或机械碾压。每 15 m~25 m 范围内留 3 个控制点进行人工找平。

5.1.6 采用穿孔管和 U 型渠进行配水或集水时,施工安装不应损坏穿孔管或 U 型渠。

5.1.7 潜流人工湿地植物种植时,应保持覆盖层湿润,宜搭建操作架或铺设踏板,不应直接踩踏人工湿地和植物幼苗。

5.2 启动和调试

5.2.1 启动调试前,应检查供电是否正常,水泵、闸阀、水位控制器、仪表和控制系统能否正常工作。

5.2.2 应通过满水试验,检查人工湿地构筑物的渗漏情况,检查水流是否畅通。

5.2.3 在人工湿地调试期间,进水水力负荷应逐步提高至设计负荷,增加幅度应根据水质变化与植物生长情况确定。

5.2.4 人工湿地水位可根据污染负荷、出水效果的实际需求进行调节。

5.2.5 人工湿地建设末期或运行初期,可通过接种本土微生物,加强对进水中污染物的削减功能。

5.3 工程验收

5.3.1 人工湿地竣工验收前,建设单位应组织通水试运行,试运行期不应少于3个月。施工单位应在试运行期内对工程质量承担保修责任。

5.3.2 在依次完成工程主要部位验收、单项工程验收、设备安装工程验收和水质验收后,施工单位应预先1个月向监理和建设单位书面申请人工湿地工程竣工验收。

5.3.3 建设单位在收到施工单位提交的竣工验收申请,并报主管部门批准后,应组织竣工验收。竣工验收时应提供下列材料:

  1 批准的设计文件和设计变更文件。
  2 完整的启动试运行和生产试运行记录。
  3 试运行期间进出水污染物连续监测报告。
  4 其他相关技术资料。

5.3.4 竣工验收合格后,人工湿地可投入正式使用。建设单位应将有关项目前期、勘测、设计、施工及验收的文件和技术资料归档。

6 运行和管理

6.1 日常运行

6.1.1 应根据人工湿地的设计要求制定运行管理指导手册。

6.1.2 应根据运行管理手册制订日常巡检计划,并应包括下列内容:

    1 检查进水格栅和出水管口是否堵塞,发现堵塞需及时清理。

    2 检查水位、流量和水质情况是否满足设计要求,不应出现壅水与填料层上层无水现象;出现壅水现象时,应检查配水和集水的均匀性及填料区水流的畅通性,并相应进行管理。出水量严重偏少时,应检查管渠进水端是否正常或者开启补水。

    3 检查水泵、水位控制器等机电设备仪表是否工作正常,如有异常,应及时维修恢复。

    4 检查是否有藻类滋生或出现外来入侵生物,一旦发现应及时清理。

6.1.3 根据进水水量、水质和分组布置,人工湿地的进水可选用连续、间歇、潮汐流和多组轮换等方式。

6.1.4 当人工湿地因填料堵塞出现出水量明显下降或表面壅水时,可进行轮换运行恢复。如无法恢复出水量,应进行大修。

6.1.5 人工湿地运行中应按照现行行业标准《园林绿化养护标准》CJJ/T 287的有关规定对植物进行养护,并应控制杂草和虫害,定期收割或清除枯枝败叶。

6.1.6 应对人工湿地进行蚊蝇控制,并宜采用物理或生态防治方法。

6.1.7 应定期监测人工湿地进、出水的水质和水量,并做好数据记录。委托有资质单位监测时,应出具监测报告并存档备案,宜建立监测数据库。水质、水量具体监测频率和位置可参照表 6.1.7 执行。

表 6.1.7 人工湿地进、出水的水质和水量监测要求

监测内容	监测点	频次
SS、BOD_5、COD_{Cr}、氨氮、TN、TP	总进水、总出水	在线监测或按需检测
水温、DO、pH	各单元进水、出水	按需检测
流量、水位	各单元进水、出水	每日检测
特征污染物	总进水、总出水	按需离线监测

6.1.8 当发现人工湿地的进、出水水量异常时,应及时检查管道、池体等设施完好情况,排查预处理设施运转情况,并应及时排除故障。

6.1.9 人工湿地建设信息管理平台时,应定期对平台数据采集系统进行维护和检查。

6.1.10 宜定期对在线检测和监测设备进行检查和维护。

6.1.11 偏远地区的人工湿地宜设置视频监控。

6.2 安全和应急管理

6.2.1 人工湿地运行管理应制定应急预案,并应包括人员安全、水质水量安全、设备设施运行(故障及停电)、极端天气(台风、强降雨、冰雹等)和生物入侵等方面的内容。

6.2.2 当人工湿地的进水污染物浓度偏高时,宜加强预处理或者启动应急曝气设施或接种本土微生物。

6.2.3 应确保运行过程中的人员安全,防止溺水、触电等事故的发生。

6.2.4 当进水的氨氮、总磷或COD浓度高于设计值1倍时,应停止进水,待进水水质达到进水标准时方可再次进水;若出水超标,应及时查明原因,实施补救措施;若出现重大超标,则应及时向有关部门报告,以明确进一步处置方案。

6.2.5 应加强巡查制度落实,做好设备设施维护,及早发现隐患;若出现设备故障或停电造成工艺运行异常,应及时修缮,并应72 h内恢复运行。

6.2.6 由台风天气或其他原因造成强降雨及强泄洪后,应及时打开进水旁通或排空管道。

6.2.7 人工湿地系统出现外来入侵物种时,宜采取水位控制、人工打捞等物理方式和生物生态方法去除;效果不理想时,可使用低残留药剂。

本标准用词说明

1 为了便于在执行本标准条文时区别对待,对要求严格程度不同的用词说明如下:
　　1)表示很严格,非这样做不可的用词:
　　　正面词采用"必须";
　　　反面词采用"严禁"。
　　2)表示严格,在正常情况下均应这样做的用词:
　　　正面词采用"应";
　　　反面词采用"不应"或"不得"。
　　3)表示允许稍有选择,在条件许可时首先应这样做的用词:
　　　正面词采用"宜";
　　　反面词采用"不宜"。
　　4)表示有选择,在一定条件下可以这样做的用词,采用"可"。

2 条文中指明应按其他有关标准执行的写法为"应符合……的规定"或"应按……执行"。

引用标准名录

1 《室外排水设计标准》GB 50014
2 《城镇污水再生利用工程设计规范》GB 50335
3 《渠道防渗衬砌工程技术标准》GB/T 50600
4 《园林绿化养护标准》CJJ/T 287
5 《文明施工标准》DG/TJ 08—2102

标准上一版编制单位及人员信息

DG/TJ 08—2100—2012

主 编 单 位：上海市政工程设计研究总院（集团）有限公司
参 编 单 位：上海市园林科学研究所
　　　　　　同济大学
主要起草人：张　辰　谭学军　陆松柳　崔心红　陈　嫣
　　　　　　卢　峰　陈　芸　孙　晓　沈昌明　支霞辉
　　　　　　马鲁铭
主要审查人：周　琪　杨殿海　杨海真　杨　凯　黄民生
　　　　　　朱广汉　傅　威

上海市工程建设规范

人工湿地水质净化技术标准

DG/TJ 08—2100—2024
J 12086—2024

条文说明

2024　上海

目 次

1 总 则 ………………………………………………… 33
3 工艺流程选择 ……………………………………… 35
4 设 计 ………………………………………………… 38
　4.1 一般规定 ……………………………………… 38
　4.2 水平潜流人工湿地 …………………………… 39
　4.3 垂直潜流人工湿地 …………………………… 40
　4.4 表面流人工湿地 ……………………………… 41
　4.5 防 渗 ………………………………………… 42
　4.6 填 料 ………………………………………… 43
　4.7 生 物 ………………………………………… 45
　4.8 景观美化 ……………………………………… 48
5 施工和验收 ………………………………………… 49
　5.1 施 工 ………………………………………… 49
　5.2 启动和调试 …………………………………… 50
　5.3 工程验收 ……………………………………… 50
6 运行和管理 ………………………………………… 52
　6.1 日常运行 ……………………………………… 52
　6.2 安全和应急管理 ……………………………… 54

Contents

1 General provisions ·· 33
3 Selection of flow chart ·· 35
4 Design ·· 38
   4.1 General requirements ·································· 38
   4.2 Horizontal subsurface flow constructed wetland
      ·· 39
   4.3 Vertical subsurface flow constructed wetland ······ 40
   4.4 Free water surface constructed wetland ·············· 41
   4.5 Seepage prevention ·· 42
   4.6 Substrates ·· 43
   4.7 Organism ·· 45
   4.8 Landscaping ·· 48
5 Construction and acceptance ································ 49
   5.1 Construction ·· 49
   5.2 Commissioning ·· 50
   5.3 Acceptance ·· 50
6 Operation and management ···································· 52
   6.1 Routine management ·· 52
   6.2 Safty and emergency management ················ 54

1 总　则

1.0.1 本条为制定本标准的宗旨和目的。人工湿地是20世纪90年代开始应用的一种水质净化工艺。作为一种仿自然处理方式，具有与生态环境亲和力强、景观效应良好、建设和管理成本比常规污水二级处理低等特点。但因其占地面积大，早期主要应用在土地资源相对充足的郊区和农村地区。2012年版标准制定之后，指导了我市辰山植物园微污染水体水质净化工程和松江地区数个生活污水处理处理工程的建设，对于防治水污染、改善水环境质量起到了积极作用。十九大以来，生态文明建设成为城镇化建设的新理念。随着国家和全社会对水环境质量要求的提高，农村生活污水纳入市政管网集中处理的比例越来越高，人工湿地直接处理生活污水的应用逐渐较少，人工湿地的应用逐步转向污水处理厂（站）尾水净化，或者微污染河湖水、农田退水和受污染雨水。人工湿地处理尾水时，能进一步减少痕量污染物、内分泌干扰物、重金属等污染物，净化后水质对受纳水体生态友好；人工湿地处理微污染河湖水、农田退水和受污染雨水，可以削减面源污染、提升水质。人工湿地在净化水质的同时，还可以为野生动物提供生息场所与通道，促进水体生物多样性的丰富，改善局部微观气候、为市民提供休憩与科普教育场所等。

1.0.2 本条规定本标准的适用范围。人工湿地处理工艺具有很好的生态和社会效益，在净化水质的同时，对周围环境景观和生态系统也有贡献，与其他水质净化工艺相比，邻避效应低，是一种值得推广的水质净化工艺。当人工湿地直接用于处理生活污水时，因为污水中营养盐浓度高，容易造成湿地内生物膜生长过盛，堵塞填料，增加湿地运行与管理难度，影响景观效果。因此，从本市人工湿地实际需要出发,本次修订调整了适用范围中人工湿地的处理对象,从处理生活污水改为处理污水处理厂(站)尾水、农田退水、受污染雨水和微污染河湖水,以充分发挥人工湿地的污染物处理和景观效益。其中,微污染河湖水是指以有机物、氨氮为主的轻度污染河湖水,在人工湿地处理后水质可以从劣Ⅴ类达到Ⅴ类或更高标准。

3 工艺流程选择

3.0.1 不同类型的人工湿地在污染物去除、工程费用、占地面积、水力负荷和长期运行管理等方面均有不小的差异,表1列出这些方面的定性比较。在净化水质时,可综合考虑进水水质特点、资金投入以及外部条件限制等多种因素选择单一类型人工湿地或者多类型组合式人工湿地。采用潜流人工湿地或表面流人工湿地时,二者功能侧重不同,前者主要起到水质净化作用,后者在增加溶解氧的同时还有增加水面率效果。

表1 不同类型人工湿地特征

参数	表面流人工湿地	水平潜流人工湿地	上行垂直潜流人工湿地	下行垂直潜流人工湿地
水流方式	表面漫流	水平潜流	上行垂直潜流	下行垂直潜流
负荷	低	较高	高	高
占地面积	大	一般	较小	较小
构造管理	简单	一般	复杂	复杂
工程建设费用	低	较高	高	高
季节气候影响	大	一般	一般	一般
有机物去除能力	一般	强	强	强
硝化能力	较强	较强	一般	强
反硝化能力	弱	强	较强	一般
除磷能力	一般	较强	较强	较强
堵塞情况	不易堵塞	有轻微堵塞	易堵塞	易堵塞

3.0.2 人工湿地可根据地形、景观、处理水质水量等外部条件的变化而采用不同的组合。当多个人工湿地进行并联时,需保证不同并联单元的配水均匀。当多个人工湿地进行串联时,需对单一人工湿地进行污染物负荷和水力负荷的独立核算,避免串联前端人工湿地负荷过高。人工湿地也可以与稳定塘、好氧塘、沉淀塘等组合使用。当进水污染物浓度较低时,可采用表面流人工湿地;当用地紧张或进水污染物浓度较高且环境要求较高时,可采用潜流人工湿地;当总氮去除要求较高时,可采用组合式人工湿地,如表面流-水平潜流人工湿地、垂直潜流-水平潜流人工湿地等。河湖水水质一般优于污水处理厂(站)出水,考虑工程造价和运行管理便利性等因素,宜采用表面流人工湿地。

3.0.3 人工湿地进水的水量波动过大或污染物浓度过高不利于人工湿地的高效运行,尤其是悬浮颗粒浓度较高易引发人工湿地堵塞,因此要根据进水水量波动和水质设置相应的格栅、调蓄、沉淀、过滤等预处理。表面流人工湿地还需要考虑高浊度对水生植物的不利影响和淤积的影响。

3.0.4 本条为新增条款。城镇污水处理厂(站)尾水一般经过二级处理或者深度处理,达到一级 A 及以上标准,出水污染物浓度较低,且流量相对稳定,可直接进入人工湿地。尾水水质净化一般以进一步削减水中的氮磷、重金属与痕量污染物等为目标。人工湿地可以提升尾水水质到优于地表水Ⅴ类水,用于作为受纳水体生态基流的补水,在保护受纳水体水环境质量同时,提升水体的自净能力。

3.0.5 本条为新增条款。可以根据实际水质和人工湿地的类型设置预处理设施,一般设置格栅去除漂浮物,潜流湿地之前还可以通过沉淀降低悬浮固体,预防填料快速堵塞。表面流人工湿地也需要考虑高浊度对水生植物的不利影响和淤积对湿地床的影响。有效降低进水悬浮颗粒浓度的预处理一般采用沉砂池、沉淀池或滤池等。

3.0.6 本条为新增条款。受污染雨水指雨天地面产生的径流，因携带地面污染物导致雨水径流中 SS、COD、氨氮等污染物超标，影响排放水体水质。由于降雨强度与降雨时间的不确定性，受污染雨水流量有很大不确定性。进水的水量波动过大或污染物浓度过高不利于人工湿地的高效运行，尤其是悬浮颗粒浓度较高易引发人工湿地堵塞，因此要根据进水水量波动和水质情况设置相应的调蓄、沉淀等预处理。根据用地特征，人工湿地与调蓄设施可以分建或合建。由于受到季节影响，人工湿地处理受污染雨水时，宜设置补水设施，保证人工湿地旱季的运行维护，确保其净水和生态功能。

3.0.7 本条为新增条款。

3.0.8 人工湿地末端出水宜根据实际需求增加消毒、充氧等处理工艺。根据国内外人工湿地工程实际建设运行情况及相关标准，出水作为补充水源直接排入天然水体或者人工水体时一般不进行消毒；出水作为再生水进行回用时，需要进行消毒。当补给河道时，为了保证河道中生物的正常需氧量，需要对人工湿地出水进行充氧。

4 设 计

4.1 一般规定

4.1.1 处理城镇污水厂(站)尾水时,人工湿地水质净化设施应采取措施避免被淹没或被洪水倒灌;处理受污染雨水、微污染河水与农田退水时,应根据高水位与洪水位的关系,合理设置人工湿地的高程。极端降雨情况下,人工湿地可以被淹没,但应设置超标降雨的排放通道,通过设置闸、坝等设施保证人工湿地不受冲刷。

4.1.3 本条为新增条款。应根据处理对象的特征确定设计水量。

4.1.4 进水水质是人工湿地的重要设计参数,直接关系人工湿地处理效果、占地面积和工程造价及运行管理。宜根据进水水质实测结果,确定人工湿地设计进水水质。农田退水污染物浓度差异很大,COD常见浓度范围为 10 mg/L～100 mg/L,氨氮为 0.1 mg/L～10 mg/L,总氮为 1 mg/L～15 mg/L,总磷含量高达 1 mg/L。

4.1.5 人工湿地的出水水质应根据受纳水体环境容量或用户需求确定。当出水进行再生水利用时,出水水质应满足再生水利用的有关标准要求。

4.1.6 人工湿地的组数设置是为了保证人工湿地在检修时的处理能力。

4.1.7 人工湿地的设计总面积应保证人工湿地运行时表面水力负荷和污染负荷同时满足要求。由于水力流动时存在边际效应,人工湿地的单体面积确定要考虑配水、集水的均匀性等问题。

4.1.8 人工湿地的设计水位影响人工湿地有效容积和水力停留时间，较高的水位可以在一定程度上提升人工湿地的利用效率，丰富人工湿地竖向生物多样性。不同植物在根系等生长特性方面存在差异，不同的动物与微生物对光照、营养物、氧气的要求也不同，人工湿地设计水位须考虑生物匹配，以在满足水处理负荷的基础上，形成多样化的水深布局。

4.1.9 人工湿地的建设除了削减污染物、达到出水的水功能区管理的要求外，还有提升景观效果、改善微气候、增加运动休闲场所的附加功能。

4.1.10 水环境智慧化、信息化管理已经成为城市智慧化管理的一部分，新建人工湿地与改建人工湿地应充分考虑信息化管理的需求。

4.1.11 人工湿地的运维场所、运维道路和清淤设施的设置是为了保证建成后的常态化运维。人工湿地系统中淤泥容易沉积，影响运行效果。当表面流人工湿地处理悬浮物浓度比较高的初期雨水、河道感潮时，需要定期进行淤泥清理。潜流人工湿地填料中会吸附淤泥、集水层长期运行后底部会沉积淤泥，故面积超过 1 ha 的大型湿地宜设置淤泥的清理设施，方便定期清淤。

4.2 水平潜流人工湿地

4.2.3 本条为水平潜流人工湿地几何尺寸设计的规定。由于水平潜流人工湿地水力坡度较大，如长度过长或长宽比过大，填料利用率降低，因此宜控制单池长度和长宽比。处理源头径流污染的小型人工湿地根据场地条件可采用较小的尺度，需要核算水力坡降。

4.2.4 本公式来自美国环保局（EPA）的《人工湿地设计手册》（*Manual of Constructed Wetlands Treatment of Municipal*

Wastewater），根据达西定律给出了人工湿地不产生漫流的最小宽度，过水断面的计算采取近似方法。当用于源头海绵设施的微小人工湿地设计时，可不受本条约束。

4.2.6 潜流人工湿地集水方式采用穿孔管或穿孔墙，开孔率应按照配水量要求设计。

4.2.7 当进水氨氮、化学需氧量浓度较高，或者需要增加出水溶解氧浓度时，可通过跌水曝气或机械曝气充氧。一般设置在进水端，也可以根据排放水体溶解氧要求设置在出水端。

4.3 垂直潜流人工湿地

4.3.1 本条为垂直潜流人工湿地结构组成的规定。由于水流方向的差异，垂直潜流人工湿地与表面流、水平潜流人工湿地结构差异较大。覆盖层为可选项，主要作用是提供植物生长介质和防止表层配水时对填料层的冲刷。填料层为水质净化区域，主要通过植物的吸收作用、微生物的生化作用和填料的吸附、过滤和接触沉淀作用对进水进行净化处理。排水层主要承担集水和排水的功能。由于排水层的粒径较填料层大，为防止填料层的填料进入排水层引起堵塞，在填料层和排水层之间设置过渡层，过渡层需严格注意粒径级配。

4.3.2 由于人工湿地的适用范围调整为城镇污水处理厂（站）尾水、微污染河湖水和受污染雨水，根据现有工程经验，对水力停留时间、表面水力负荷作了适当的提高，设计参数根据水质特征与污染物削减要求选用。

4.3.3 本条为垂直潜流人工湿地几何尺寸设计的规定。如长宽比过大，配水干管过长，易导致人工湿地前后端配水不均，故宜控制长宽比。

4.4 表面流人工湿地

4.4.1 设置进水区的主要目的为均匀配水，要求在人工湿地横向和垂直高度上尽可能配水均匀，保证较好的流态。处理区通过粘附、过滤、沉降、植物吸收、微生物转化作用对污染物进行削减。设置出水区的主要目的为均匀出水，同时能够控制湿地水位。

4.4.2 因为目前人工湿地不再应用于原污水的处理，多用于城镇污水处理厂（站）尾水、微污染河湖水和受污染雨水的处理，进水的COD浓度降低，所以本次修订将表面流人工湿地的COD负荷降低。为了增加流速、控制富营养化，水力负荷调整变大，停留时间相对缩短。

4.4.3 本条为表面流人工湿地工艺设计的规定。长宽比过小时，易形成短流。表面流人工湿地主体植物一般采用挺水植物与沉水植物相结合的方式，过大的水深不利于植物的生长，因此规定处理区平均水深不宜超过 0.6m。在未种植区域，水深过浅时，水温易在阳光照射下升高，易导致藻类快速增加，影响水质的同时增加运行管理工作量。利用天然湖泊和坑塘等与表面流人工湿地结合，设置一定比例深水区（水深宜为 1.5m～2.0m），为深水鱼虾贝类提供生存条件，提升生态系统的稳定性和景观效果。

由于表面流人工湿地沿程水头损失较小，故一般建议平均底坡不大于 0.5%。坡度过大时，会增加工程投资，且末端易壅水；坡度过小时，易造成前端壅水。设计时，应根据人工湿地中水生植物的种植密度进行坡度的调整，种植密度较大时应适当加大坡度。生态边界线合理设置坡脚以保证其稳定性，同时可以适应生物生长。生态边界线为生物多样性最为丰富的区域，需要综合考虑动植物对生境的需求，考虑水陆过渡的连通性。在水流可能冲刷的区域，可采用卵石、石笼、木桩等材料加强生态边界线的稳定性。

4.4.5 本条为表面流人工湿地集水方式的规定。表面流人工湿地出水水位调节方式可选择可旋转弯头、双阀门等。

4.4.6 当进水氨氮、化学需氧量浓度较高,或者需要增加出水溶解氧浓度时,尽可能利用地形落差,设置陡坡或跌水曝气,使水与空气充分接触,达到自然充氧并节能的目的。若无条件采用陡坡或跌水曝气,可以采用曝气设备曝气,以保证溶解氧的含量。

4.5 防 渗

4.5.1 为保障人工湿地的运行水位和防止污染扩散,人工湿地应根据周边条件采取合理的防渗措施。人工合成的防渗材料渗透系数小,防渗效果好,但生态相容性较差,而且一旦出现破坏会导致渗漏量的显著增加,因此需采取预防措施。防渗材料的选择和防渗工程设计还应考虑在当地地下水水位等环境因素长期作用对防渗系统的影响。

4.5.2 从环境安全的角度考虑,可以在施工时尽量保持原土层,在原土层上采取防渗措施,防渗材料可以根据当地的实际情况选取。当防渗要求较低且条件许可时,可选用天然黏土或改良土夯实,以保证渗透系数不大于 1×10^{-8} m/s;当防渗要求较高时,可选用聚乙烯膜、聚合物水泥等建筑防水材料。

4.5.3 为切实防止人工湿地系统因渗漏造成对地下水的污染,应根据进水水质、出水目标和湿地所处水环境质量确定防渗处理的要求。防渗层应利用机械强度高、抗化学腐蚀和抗老化性能强的工程材料,以保证防渗层在防渗区域覆盖完整,且可以在较长时间范围内保证防渗效果。常见的人工湿地防渗层有:①聚乙烯膜防渗层,以聚乙烯膜为主要防渗材料可单独使用,也可配合无纺布、压实土壤等其他防渗防护措施,膜厚度宜大于 1.0 mm;②聚合物水泥防渗层,以聚合物水泥为主要防渗材料,一般与压实土壤或碎石垫层配合使用;③黏土防渗层,以黏土为主要防渗材料,可单独使用,也可与钠基膨润土混合使用,需根据原土壤含砂量情况铺设 30 cm～60 cm 厚度的防渗层。采用聚乙烯膜等材料进行防渗时,应注意保证膜材料在施工中不受破坏且焊接完整、无死角;采用聚合物水泥进行防渗时,应保证聚合物水泥在长期承重下不出现压坏破裂等情况;采用黏土防渗时,可根据土壤层实际情况调整黏土层厚度。当原有土壤层渗透系数小于 $1×10^{-8}$ m/s 且厚度大于 60 cm 时,可不采用其他防渗措施,直接对原有场地进行夯实处理用作防渗层,但需对该防渗层进行渗透能力检测,以确保防渗效果。在海绵城市建设中,若人工湿地作为具有雨水渗透功能的源头减排设施时,防渗要求可以适当降低。

4.6 填 料

4.6.1 人工湿地填料不仅具有吸附、过滤、沉淀等水质净化功能,而且为微生物生长提供载体,因此需要填料具有尽可能大的表面积。通常,填料的总表面积与其粒径呈反比,但如果填料的粒径过小,将会容易造成人工湿地床体的堵塞。人工湿地填料作为床体的支持骨架,应具备一定的机械强度,可有效避免床体压实堵塞。人工湿地填料需具有较好的化学稳定性,应避免缓释有毒有害物质。为降低运输成本,人工湿地填料应尽可能就地取材。

4.6.2 常用的人工湿地填料种类和特性见表 2。本次修订增加了一些人工合成材料及资源化利用的建筑材料。

表 2 填料种类和特性

序号	填料种类	特性
1	砾石	人工湿地最常用的填料,控制孔隙率与渗透系数
2	沸石	内部充满细微的孔穴和通道,氨氮吸附能力强
3	钢渣	吸附磷的能力强,须充分考虑植物耐受性
4	石灰石	除磷能力较强,但会提高出水碱度,必须充分考虑植物耐受性

续表2

序号	填料种类	特性
5	高炉矿渣	分酸性矿渣和碱性矿渣。矿渣孔隙率大,有利于有机物去除,但会提高出水酸碱度,必须充分考虑植物耐受性
6	碎石	取材丰富,价格较低,含硅酸盐较多,有利于磷的吸附
7	粗砂	粒径为0.5 mm～1 mm的常规填料,可以调节填料的孔隙率
8	火山岩	表面积较大,微生物挂膜能力好,属于优质填料
9	人工合成无机材料	包括陶粒、筛选过的碎砖瓦与混凝土块,微生物挂膜能力好,透水透气性好,有利于废弃物的回收利用
10	人工合成有机材料	包括生物膜填料、发泡多孔材料等,起到微生物富集与提高孔隙率作用,可以调节填料的孔隙率

有报道人工湿地采用了发泡多孔材料作为湿地填料的一部分,以提升填料整体的渗透性,减少了堵塞,对湿地的寿命起到提升的作用。对总磷去除要求较高时,可采用对磷有特征性吸附功能的钢渣等含铁量高的填料,单独采用这些填料,单独使用容易引起人工湿地内pH升高,宜与其他填料搭配使用。采用人工陶粒等轻质填料时,做好比重配置,保证进水时轻质填料不上浮。

4.6.3 合理设计和控制填料层渗透系数是影响人工湿地处理效能、处理水量、出水水质、人工湿地运行寿命和填料堵塞的重要问题。填料的渗透系数(K_y)清水试验测定值应介于0.01 m/s～0.1 m/s之间。在人工湿地运行过程中,由于悬浮污染物的截留和生物膜的滋生,填料的渗透系数会不断下降,因此,在实际设计时通常取清水试验取得的填料渗透系数的10%作为设计标准。建议在有条件的情况下对所选填料的渗透系数进行实测。

4.6.4 人工湿地的水力性能与填料粒径有密切关系,提高填料粒径能控制空隙率,减小堵塞概率。本次修订补充了填料初始空隙率的规定。过小的空隙率会增大水流流动阻力,而且会降低进水的实际水力停留时间,不利于处理。选择填料时,可以通过填料选材以及粒径配比比例有效控制空隙率。进水污染物浓度高、水力负荷低时,采用较大的孔隙率;进水污染物浓度低,水力负荷高时,采用较小的孔隙率。

4.6.5 潜流人工湿地进水后,填料常会发生下沉,导致人工湿地运行水面高度与设计不同。为避免该情况,根据设计深度、填料材料堆积密度、变形特征等,在填料理论需求量上增加3%～8%,以保证沉降后可以满足设计水面标高要求。

4.7 生 物

4.7.2 人工湿地植物必须能在污染水环境下正常生长,具有抗逆性。不同植物耐污能力相差较大,因此构建人工湿地时,应首先选择耐污能力强的植物。

其次是所选用的植物具有净化能力。所选植物的根系可以增加微生物吸附与转化的表面积;植物地上部分应考虑观赏性好、运维管理工作量小。

人工湿地系统是周围环境的一部分,因此植物的选择要考虑观赏价值。一些新建的人工湿地水质净化系统引入园林设计的理念,将水质净化与生态公园统筹考虑。

所选植物宜为适生植物,不得选用外来入侵植物。适合上海市使用的人工湿地植物种类与种植密度见表3。

表3 人工湿地植物种类与种植密度

序号	植物类型	植物种类	种植密度
1	挺水	芦苇(*Phragmites australis*)	16丛/m^2～25丛/m^2
2		芦竹(*Arundo donax*)	6丛/m^2～9丛/m^2
3		花叶芦竹(*Arundo donax var. versicolor*)	6丛/m^2～9丛/m^2
4		香蒲(*Typha orientalis*)	9丛/m^2～16丛/m^2
5		菖蒲(*Acorus calamus*)	9丛/m^2～16丛/m^2
6		石菖蒲(*Acorus tatarinowii*)	9丛/m^2～16丛/m^2

续表3

序号	植物类型	植物种类	种植密度
7	挺水	黄菖蒲(*Iris pseudacorus*)	9丛/m²～16丛/m²
8		菰(*Zizania latifolia*)	8丛/m²～12丛/m²
9		纸莎草(*Cyperus papyrus*)	4丛/m²～6丛/m²
10		灯心草(*Juncus effusus*)	4丛/m²～6丛/m²
11		美人蕉(*Canna glauca*)	9株/m²～12株/m²
12		水芹(*Oenanthe javanica*)	16株/m²～25株/m²
13		风车草(*Cyperus alternifolius*)	9丛/m²～16丛/m²
14		梭鱼草(*Pontederia cordata*)	9丛/m²～16丛/m²
15		藨草(*Scirpus triqueter*)	25丛/m²～36丛/m²
16		水葱(*Scirpus validus*)	16丛/m²～25丛/m²
17		千屈菜(*Lythrum salicaria*)	16株/m²～25株/m²
18		鸢尾(*Iris tectorum*)	16丛/m²～25丛/m²
20		雨久花(*Monochoria korsakowii*)	16株/m²～25株/m²
21		莲(*Nelumbo nucifera*)	2株/m²～4株/m²
22	浮叶	睡莲(*Nymphaea tetragona*.)	2株/m²～4株/m²
23		菱(*Trapa bispinosa*)	1株/m²～4株/m²
24		荇菜(*Nymphoides peltata*)	15株/m²～30株/m²
25	沉水	黑藻(*Hydrilla verticillata*)	10丛/m²～25丛/m²
26		苦草(*Vallisneria natans*)	10丛/m²～25丛/m²
27		竹叶眼子菜(*Potamogeton wrightii*)	10丛/m²～25丛/m²
28		金鱼藻(*Ceratophyllum demersum*)	10丛/m²～25丛/m²
29		狐尾藻(*Myriophyllum verticillatum*)	10丛/m²～25丛/m²
30		菹草(*Potamogeton crispus*)	10丛/m²～15丛/m²

4.7.3 一般挺水植物在春季(3月—5月)进行种苗移植,可获得较佳的成型效果和存活率。

4.7.4 由于人工湿地的基质不同于一般的土壤基质,生长环境相对恶劣,因此人工湿地植物的种植最好采用容器苗移栽的方式,并且根据植物生物学和生态学特性进行种苗规格和种植密度设计。塘植的水生植物根据挺水植物、沉水植物和浮叶植物等不同群落生长繁殖特性进行栽植,宜丛状移植。

4.7.5 本条补充了关于浮叶植物种植的规定。自由漂浮植物的栽植要防止其逃逸扩散,影响其他处理单元和外界水域。选择冬季品种的根生浮叶植物,可以保持冬天表面流人工湿地的生机,一般为冬季一年生浮叶植物。

4.7.6 本条为新增条款,是关于沉水植物种植的规定。夏季品种包括苦草、金鱼藻、黑藻、狐尾藻等,冬季品种包括菹草等。

4.7.7 本条为新增条款,增加了关于水生动物选择及投放方式的规定。水生动物种类选择应以滤食性和碎屑食性的鱼类和大型底栖动物为主,待水生植物定植成功后,适当配置肉食性鱼类。人工湿地构建初期,可选择滤食性或肉食性鱼类投放,有利于控制表面流人工湿地中的浮游型颗粒与小动物。在构建中后期,且水质初步改善后,适当投放大型底栖动物。鱼苗通常在夏季(6月—7月)放养,鱼种或成鱼通常在12月—翌年2月等低温季节放养;底栖动物也尽可能选择低温时期放养。水生动物种类及特性见表4。

表4 水生动物种类及特性

序号	种类	特性
1	鲢(*Hypophthalmichthys molitrix*)	上层鱼类,滤食性,可控制藻类大量繁殖
2	鳙(*Aristichthys nobilis*)	中上层鱼类,以浮游动物为主食,亦食一些藻类
3	鳜鱼(*Siniperca chuatsi*)	近底层鱼类,以肉食性为主,喜捕食小鱼虾和小甲壳动物
4	铜锈环棱螺(*Bellamya aeruginosa*)	水底附着生活,刮食性,分泌粘液絮凝水中悬浮物质,增加透明度

续表4

序号	种类	特性
5	背角无齿蚌（*Anodonta woodiana*）	水底埋栖生活,滤食性,滤食水体中藻类和悬浮物质,净化水质
6	三角帆蚌（*Hyriopsis cumingii*）	水底埋栖生活,滤食性,滤食水体中藻类和悬浮物质,净化水质
7	日本沼虾（*Macrobrachium nipponense*）	水底生活,摄食有机碎屑

4.8 景观美化

4.8.1 本条为新增条款,对景观美化提出了要求。人工湿地在生态发展的大前提下增加了美感要求。

4.8.2 本条为新增条款,对硬化部分结合柔性。例如人工湿地水力挡墙进行灰绿结合的设计,既能满足挡墙的受压要求,又能满足景观美化的需求。

4.8.3 本条为新增条款。人工湿地的植物种类选择以湿生植物、挺水植物、浮叶植物、漂浮植物和沉水植物为主。在满足人工湿地水质净化和生态功能的基础上,合理选择植物种类,进行搭配,可以提升湿地的美感,满足人居环境美化要求。

4.8.4 本条为新增条款。人工湿地作为科普功能载体,将趣味性与科普性结合,在科普功能方面具有明显优势。人工湿地在水质净化的基础上发挥公园的部分功能,将水质净化功能拓展到城市公园层面,可以提升周边居民的生活质量。

5 施工和验收

5.1 施 工

5.1.1 本条为施工过程中设计控制的规定。人工湿地工程施工单位应具备相应的资质,建立质量管理体系,并应对施工全过程实行质量控制。在开工前应审查施工单位的施工组织总设计、施工组织设计、施工方案,保证工程质量的具体措施及相应的审批手续。施工单位不得擅自更改设计方案。如施工过程中存在问题,应及时与设计单位进行沟通;如需更改工程,必须取得设计单位的设计变更文件后方可进行。

5.1.3 本条为床底高程和底坡施工要求的规定。水平潜流人工湿地和表面流人工湿地均为无重力流,如高程和水力坡度不满足设计要求,很有可能导致壅水、短流等现象发生,严重时会导致无法出水,因此对高程和水力坡度要求较高。

5.1.4 本条为防渗施工的规定。人工湿地防渗施工首先应注意场地的平整清理;其次应注意保持原土层,可以有效节约土方工作量并保证防渗效果。对于以净化水质为主要目的人工湿地而言,防渗层的意义不仅在于有效阻止人工湿地中水流失以及对周边环境的污染,还可以防止地下水向人工湿地床内反渗,因此在施工中应注意防渗施工的质量。

5.1.5 本条为人工湿地中填料铺设的规定。填料在装填进入湿地床前进行清洗,是为了保证填料颗粒的清洁度,以减少空隙率的堵塞。施工过程中踩踏或机械碾压容易导致填料的破碎,从而减小填料的空隙率。因此,作此规定。

5.1.6 采用穿孔管与U型渠进行配水或集水时,多采用聚合材料。由于穿孔管与U型渠对于孔径和间距均有要求,打孔后聚合材料或混凝土管渠的结构强度显著降低,在施工中容易损坏,在施工中应注意对穿孔管与渠的保护,堆放场地应平整、管渠安装基础稳定。

5.1.7 潜流人工湿地覆盖层较薄,填料层空隙率较大,随意踩踏,容易踩实覆盖层并造成表层沉降,透气性变差且表面不平整。

5.2 启动和调试

5.2.3 本条为人工湿地启动调试时进水负荷调整的规定。在人工湿地启动阶段,人工湿地植物和微生物群落需要适应的过程,其对污染物的去除能力逐步提高。因此,需要逐步提升进水负荷以适应植物生长,并对微生物群落进行驯化。

5.2.4 人工湿地应根据季节、水量变化合理调整水位,满足流速、景观和植物养护的要求。潜流人工湿地启动初期,可适当提高水位,提高植物的成活率;运行相对稳定后,可适当降低水位,诱导和促进植物根系的发育和延伸,利于提高人工湿地的污染物削减能力。人工湿地正常运行水位宜控制在覆盖层与填料层的交界处。天气预报有大雨时,适当预降人工湿地的水位,避免表面流人工湿地受到冲刷或潜流人工湿地漫流。

5.2.5 可在人工湿地建设末期或运行初期,根据所处季节特征、进水量和进水污染物浓度,适量添加安全无害且经过驯化的本土微生物菌剂,以促进人工湿地系统有益微生态群落形成。微生物菌剂种类主要包括了氨化细菌、硝化细菌、反硝化细菌等。

5.3 工程验收

5.3.1 人工湿地交工验收前,应进行不少于3个月的通水试运行。项目建成投运前应按照《建设项目竣工环境保护验收暂行办法》进行环保竣工验收。

5.3.2 本条为工程验收程序的规定。应在工程完工验收后进行水质净化调试,水质达标后可以进行竣工验收。

5.3.3 除常规工程验收之外,人工湿地验收内容包括水质、水量达标验收。对景观有专项要求时,需要景观生态验收。水量验收应考虑旱季与雨季。雨季受到降雨影响,出水可能比进水水量多;旱季蒸发量大时,出水可能比进水水量少。

6 运行和管理

6.1 日常运行

6.1.1 表面流、水平潜流和垂直潜流人工湿地在水力负荷、停留时间等工况上差异较大,同一湿地在不同季节下的工况也需要进行调整。因此,应根据人工湿地的类型、处理对象、种植植物、季节等各项因素,制定相应的运行管理指导手册,以利于人工湿地的管理运行。运行管理指导手册应包括各构筑物的基本情况、各构筑物运行控制参数、设施设备运行方式、工艺调整方案、处理设施管理方式等内容。

6.1.2 本条为人工湿地日常巡检和管理内容的规定。进出水流量的均衡性和水位控制是影响人工湿地处理性能的最重要因素。水位的改变不仅影响人工湿地的水力停留时间,还会对大气中的氧向水相扩散和植物正常生长造成影响。当水位发生重大变化时,要立即对人工湿地处理系统进行详细的检查,查明是否为渗漏、床体或出水管堵塞、护堤损坏等情况造成的。

6.1.3 实际工程运行中发现,人工湿地采用潮汐流进水、多组轮换进水,能有效防止填料堵塞,适应生物膜的内源代谢规律。间歇进水对人工湿地的充氧和填料吸附能力恢复具有促进作用。有研究表明,在植物的生长季节每个月将人工湿地排干一次,然后升高水位,可以将氧气带入人工湿地。采用钢渣为填料的潜流型人工湿地,放空并停用 4 个星期就足以恢复填料 74% 的除磷能力。

6.1.4 进水中的悬浮固体和有机物质会在人工湿地中积累。这些积累物减少了人工湿地系统中填料间的空隙,从而减少了系统的水力停留时间,使水力传导性下降,造成池内短流,严重时会使水面升高而导致雍水。解决填料堵塞问题较为复杂,一般通过对出水的水质监测可以发现。可以先通过间歇运行、潮汐运行、停床休作与轮作,尝试恢复出水量。如不能恢复,可采用高压水枪和机械方法对填料、配水和集水管进行清洗维护,解决堵塞问题。如果堵塞情况严重,需要采取更换填料。

6.1.5 植物管理是保证人工湿地处理效果和景观效果的必要措施,也是构建健康的植物群落的重要手段。植物养护可参照现行行业标准《园林绿化养护标准》CJJ/T 287 的有关规定。应注意观察植物生长状态,发现缺苗、死苗应及时补苗,以保持正常植物密度。在人工湿地刚开始运行的第 1 年内,容易出现杂草滋生问题,可以通过提高水位至淹没以清除杂草,待植物生长良好、足以在与杂草生长竞争中占据优势时,恢复正常水位(此过程大约半个月,可根据污水处理条件实施),也可对其采用人工或机械等方法进行处理。但在人工湿地正常运行 1 年以后,杂草较少,对人工湿地系统的影响不大,可不必去除。从人工湿地运行的第 2 年开始,每年秋季或冬季,待植物地上部分枯死后,需要进行收割,以防枯死植物分解释放污染物质,避免植物枯枝烂叶影响湿地景观效果。通过选用抗病虫品种栽培,利用生态环境多样性;结合科学施肥,合理密植,适期栽培,提升系统运行稳定性。间歇运行和潮汐运行也是控制人工湿地虫害的可选方法。当遇到虫害危及植物系统或其他例外情况,必须使用杀虫剂等化学药剂时,应向专业部门咨询,并防止引入新的污染源。

6.1.7 蚊蝇的控制是表面流人工湿地处理系统必须考虑的环境问题。保持人工湿地系统中水体流动有助于减少蚊蝇数量,可以通过水泵提取或在水面安置机械曝气设备来强化人工湿地边缘部分的水体流动,形成不利于蚊蝇幼虫发育的环境,同时增加水中的溶解氧含量,有利于提高出水水质。也可以通过在人工湿地表面设置洒水装置等措施控制蚊蝇滋生。

6.1.12 本条为新增条款。其目的是利用视频摄像巡视,可以远程巡视场地,作为现场巡视的补充,方便运维。

6.2 安全和应急管理

6.2.2 本条为新增条款。当进水 COD、BOD、氨氮浓度偏高时,可以加强预处理,提高对污染物的去除率;也可以在与表流湿地共建的坑塘里布置充氧设备,通过曝气提高污染物去除率;还可以接种本土微生物,加快污染物降解的速度。